高素质农民培育
—— 系列读本 ——

甜菜 谷子
优质高效栽培与病虫害绿色防控

李海峰　王振军　主编

中国农业出版社
北　京

编　委　会

Preface 前言

　　近年来，内蒙古自治区兴安盟以特色产业、高质、高端、高效"一特三高"发展路子为引领，以标准化生产为抓手，以产业振兴为目标，加快推进甜菜、谷子产业发展，发挥特产优势，构建种植业支柱性产业。

　　农业科学技术的发展推动了耕作制度和耕作方法的变化，但病虫害频发仍然是制约兴安盟甜菜、谷子产业发展的重要因素。为了更好地指导广大基层农业技术人员和种植者掌握甜菜、有机谷子栽培技术和识别甜菜、谷子病虫害，及时掌握病虫害发生趋势，采取相应的防控措施，控制病虫害发生危害，兴安盟植保系统工作者在多年研究和实践积累的基础上，编写了本书，并组织盟内相关专家对技术内容进行了审核。本书对甜菜、有机谷子的栽培及病虫害的发生与绿色防控方法进行了详细介绍，图文并茂地展现了甜菜、谷子病虫害防控技术，是一本极其实用的甜菜、有机谷子栽培及病虫害防控技术指导手册。受水平所限，书中难免存在一些疏漏，敬请同行和读者批评指正。

编　者

2020 年 8 月

Contents 目录

前言

第一章 甜菜 1

第一节 甜菜机械化直播栽培技术 2

一、播前准备 2

二、播种 5

三、田间管理 5

四、收获 6

第二节 甜菜纸筒育苗种植技术 7

一、播前准备 7

二、播种 8

三、苗床管理 9

四、移栽前准备 10

五、纸筒移栽 11

六、蹲苗促壮 12

七、田间管理 12

八、收获 12

第三节　甜菜病虫害绿色防控技术 …………………… 14

一、甜菜白粉病 ………………………………… 14

二、甜菜褐斑病 ………………………………… 15

三、甜菜叶斑病 ………………………………… 16

四、甜菜蛇眼病 ………………………………… 17

五、甜菜霜霉病 ………………………………… 19

六、甜菜立枯病 ………………………………… 19

七、甜菜苗腐病 ………………………………… 20

八、甜菜根腐病 ………………………………… 21

九、甜菜细菌性斑枯病 ………………………… 23

十、甜菜黄化病毒病 …………………………… 24

十一、甜菜丛根病 ……………………………… 26

十二、甜菜缺素症 ……………………………… 28

十三、甜菜跳甲 ………………………………… 30

十四、甜菜象甲 ………………………………… 31

十五、甜菜潜叶蝇 ……………………………… 32

十六、甘蓝夜蛾 ………………………………… 33

十七、甜菜夜蛾 ………………………………… 35

十八、草地螟 …………………………………… 36

第二章　谷子　　　　　　　　　　　　　　　　41

第一节　有机谷子栽培技术 ……………………………… 42

一、选地 ………………………………………… 42

二、精细整地 …………………………………… 42

三、品种选择 …………………………………… 42

四、水肥管理 ……………………………………… 42

五、播种 …………………………………………… 43

六、田间管理 ……………………………………… 43

七、病虫害绿色防控 ……………………………… 44

八、收获 …………………………………………… 44

第二节 谷子病虫害绿色防控技术 ……………… 45

一、谷子白发病 …………………………………… 45

二、谷子粒黑穗病 ………………………………… 47

三、谷子锈病 ……………………………………… 48

四、谷子瘟病 ……………………………………… 50

五、地老虎 ………………………………………… 52

六、蝼蛄 …………………………………………… 53

七、蛴螬 …………………………………………… 55

八、金针虫 ………………………………………… 55

九、谷子灰螟 ……………………………………… 56

十、玉米螟 ………………………………………… 58

十一、黏虫 ………………………………………… 60

第一章　甜　菜

第一节　甜菜机械化直播栽培技术

第二节　甜菜纸筒育苗种植技术

第三节　甜菜病虫害绿色防控技术

第一节　甜菜机械化直播栽培技术

一、播前准备

1.选择地块

选择地势平坦，土壤肥沃、结构疏松，浇灌条件配套齐全，道路便于大型运输车辆通行的地块。

2.预防前茬药害

前茬严禁使用残留期超过10个月的莠去津、氯嘧磺隆等除草剂（图1-1）。对选定种植甜菜的地块取土样，在室内播种进行药害鉴定试验，确认是无除草剂残留药害土壤方可种植甜菜。

图1-1　前茬药害对甜菜的影响

3.轮作倒茬

种植甜菜需轮作倒茬3~4年，不选择重茬和迎茬，可选择麦类、油菜、马铃薯、油葵茬，不选择有除草剂残留药害的玉米茬或豆茬。

4.秸秆处理

将秸秆进行粉碎处理并还田（图1-2），秸秆粉碎长度在10厘米以下，灭茬作业深度为5~10厘米。

图1-2 玉米秸秆根茬粉碎还田

5.施肥

使用甜菜专用肥，每亩*用量50千克。在翻整地前使用撒肥机将肥料撒施在地表，之后深翻到10~20厘米深耕层。

6.精细整地

使用翻转犁进行深翻（图1-3），深度25厘米左右，打破犁底层。翻地后3天内，用甜菜专用整地机进行整地（图1-4），作业深度3~5厘米，将土块打碎、整平、压实。

　＊　亩为非法定计量单位，1亩＝1/15公顷≈667米²。——编者注

图1-3 翻转犁深翻

图1-4 甜菜专用整地
机整地

二、播种

1.播种时间

当5厘米深耕层地温连续5天稳定达到5℃以上时即可播种，一般播种时间为4月11日至5月10日。

2.精量播种

使用六行甜菜专用精量播种机进行播种（图1-5），行距50厘米，株距18厘米，穴播种量1粒。播种时，要检查播种质量，检查种箱内的种子数量减少情况、出种口有无堵塞，以免漏播。

图1-5　六行甜菜专用精量播种机

三、田间管理

进行保苗、浇水、中耕除草。

甜菜出苗前如遇墒情不好要浇保苗水，确保顺利出苗，同时做好防虫工作。在甜菜生育中期如遇干旱应及时浇水。甜菜一生需进行两次中耕，两次中耕松土作业分别是在第二次和第三次化学除草打药的3天后进行。甜菜要进行4次化学除草，除草时间是在阔叶杂草2叶期。

第一次除草：在播种后10～12天，首批阔叶杂草2叶期、甜菜子叶期进行，每亩用甜菜安·宁130毫升＋氟胺磺隆6克＋奈安除草安全添加剂40克，兑水20升。

第二次除草与第一次除草间隔7～8天，在第二批阔叶杂草2叶期、甜菜1对真叶期进行，每亩用甜菜安·宁230毫升＋高效氟吡甲禾灵60毫升＋氟胺磺隆3克＋奈安除草安全添加剂40克，兑水20升。

第三次除草与第二次间隔10～11天，在第三批阔叶杂草2叶期、甜菜2对真叶期进行，每亩用甜菜安·宁150毫升＋安·宁·乙呋黄200毫升＋二氯吡啶酸25毫升或安·宁·乙呋黄350～400毫升＋二氯吡啶酸25毫升＋奈安除草安全添加剂40克，兑水25升。

第四次除草与第三次间隔10～11天，在第四批阔叶杂草3叶期、甜菜3～4对真叶期进行，每亩用甜菜安·宁100～150毫升＋安·宁·乙呋黄150毫升＋高效氟吡甲禾灵60毫升，兑水25升。

四、收获

收获时间为9月24日至11月5日，使用甜菜收获机收获（图1-6）。

图1-6　甜菜收获机收获

第二节　甜菜纸筒育苗种植技术

一、播前准备

选取土壤疏松、土质肥沃，三年内未施用过咪唑乙烟酸、氯嘧磺隆的熟化土壤作为育苗土，用6～8毫米孔径的筛子进行过筛处理。拌育苗土和育苗肥时一定要混拌均匀。装土、墩土时纸册边缘纸筒要用木棒撑开装入育苗土，提高纸筒的利用率（图1-7）。

图1-7 取土、拌土、装土、墩土

A.挖取育苗土 B.人工混拌配制育苗土 C.机械混拌配制育苗土

D.给纸筒装土 E.给纸筒墩土

二、播种

利用播种盘进行播种（图1-8），确保每穴只有一粒种子，覆土深度0.8厘米。浇水、扣棚，首次给苗床浇水必须浇足、浇透，以单筒能随机抽出为准，然后扣棚。

图1-8　播种盘播种

A.使用播种盘播种　B.标准播种盘　C.刮除多余覆土，露出纸筒边缘

三、苗床管理

出苗前期，白天棚内温度控制在25～30℃，不能超过30℃，夜间给育苗棚加盖保温苫盖物，保持棚内温度在10℃左右，不能低于5℃；子叶期，白天棚内温度控制在20℃左右，不能超过25℃，夜间控制在5℃以上。上午8：00～9：00打开棚膜两端进行小通风，随着温度的升高逐渐加大通风量，直至完全揭去棚膜（图1-9）。出苗前一般不需要再给苗床浇水，发现苗床有干旱缺水部位，一定要用经过日晒的温水及时补浇透。子叶期幼苗不出现严重干旱打蔫时不用浇水，一般一周左右浇一次水。真叶期浇水原则是不旱不浇，进行炼苗蹲苗。当甜菜2叶1心时，及时喷洒壮苗剂。

图1-9　温度控制

A. 前期腰间通风降温　B. 后期只覆顶膜通风降温

四、移栽前准备

1.整地

移栽前必须对地块进行深翻和旋耕整地，为确保提高移栽质量和幼苗成活率及预防前茬除草剂残留药害创造良好的基础条件。翻地深度要达到25 ～ 30厘米，打破犁底层。翻地不能出现明显的堑沟和漏翻漏耕现象；旋耕整地深度要达到15厘米以上，将土块打碎，将地块整平；对于容重较大的黑土地块，要在移栽前3 ～ 5天进行整地；对于容重较轻的壤土或沙壤土地块，要在移栽前一周进行整地，为苗床土壤创造充足的沉实时间，有利于保证移栽密度和提高幼苗移栽成活率，以及避免浇水后土壤下沉造成纸筒外露过多问题出现。

2.施肥

据各地生产实践及资料介绍，每生产1吨甜菜块根，植株需要吸收氮（N）4.7千克左右，磷（P_2O_5）1.6千克左右，钾（K_2O）6.5千克左右，另外还需要相当数量的中微量元素。建议根据地块土壤养分丰缺情况及目标产量，按照少量多次的原则，采取基肥+追肥配合方式进行分批施肥。基肥以磷钾肥为主，以微生物菌肥为辅，追肥以氮钾肥为主。可选用氮磷钾配方为6-19-20和9-16-20甜菜专用肥作基肥，建议基肥施肥量为每亩40～50千克，在翻地之前施入50%，翻地之后耙磨或旋耕整地之前施入50%。追肥建议选用氮钾配方为30-5的氮钾追肥，每亩施用量10～15千克，在蹲苗结束、甜菜6～8片真叶期间，结合最后一次中耕作业，用靴式追肥机具将肥料追施到苗带侧面约10厘米深的土壤中。有滴灌和喷灌条件可以随浇水施肥的，可选用水溶肥作追肥。前两次选用N：P：K=30：12：10配施肥，后一次选用N：P：K=9：6：40配施肥，在8月中旬以前结束，每隔15天左右追肥1次，共追施3次。建议8月中下旬喷施2次磷酸二氢钾增糖叶面肥，间隔15天左右喷施1次，每次每亩用肥量100克，按喷液量1/1 000添加植物油助剂。

五、纸筒移栽

4月下旬至5月上旬，当平均气温达到10℃以上，育苗播种浇水后28～30天，幼苗达到4片真叶，株高达到5～6厘米时即可进行移栽。行距60厘米，株距20厘米，每亩移栽株数达到5 550株以上；移栽前1天必须给苗床浇1次透水（送嫁水），以便纸筒能顺利分开和提高纸筒移栽成活率。往输苗带上摆苗时，纸筒下端必须紧靠输苗带的挡苗板，确保纸筒移栽高度整齐一致。纸筒移栽深度以上端与地面平行为准，纸筒不应外露，四周培土严实，有利于提高幼苗成活率。

移栽后当天要立即进行浇水保苗，确保幼苗快速缓苗和提高幼苗成活率；每亩浇水量要达到40升以上，必须浇透，与湿土层接通，确保幼苗成活率达到95%以上。

> **温馨提示**
>
> 1.移栽质量标准：垄直、苗壮、纸筒不外露。
>
> 2.边移栽边浇水，连贯作业，移栽成活率达95%以上；若移栽后不能及时在当日或次日浇水，移栽成活率将会低于75%。

六、蹲苗促壮

5月上旬至6月上旬，纸筒甜菜移栽缓苗后到第8片真叶展开为止，是甜菜的苗期阶段，这一阶段只要不出现极端干旱现象就不用再给甜菜浇水，必须对甜菜幼苗进行蹲苗锻炼，促进甜菜形成发达健壮的根系，提高甜菜的抗旱、抗寒和吸收能力，防止甜菜向地上生长形成过大的青头，为提高甜菜的产品质量和降低收获损失创造良好的生长条件。

> **温馨提示**
>
> 缓苗后到第8片真叶展开，要严格控制浇水，苗期过早过多浇水易造成甜菜根外露、形成较大的青头。

七、田间管理

在甜菜生育中期如遇干旱应及时浇水。甜菜一生需进行两次中耕（图1-10），两次中耕松土作业时间是在第二次和第三次化学除草打药的3天后进行。甜菜要进行四次化学除草（图1-11），除草时间是在阔叶杂草2叶期（参考直播田化学除草）。

八、收获

收获时间为9月24日至11月5日，使用甜菜收获机收获。

图1-10 中耕机中耕松土

图1-11 除草后田间状况

第三节　甜菜病虫害绿色防控技术

一、甜菜白粉病

1.症状及病因

甜菜染病后，先在叶片上产生白色茸毛状病斑，大小约1厘米，随之在叶片上出现白色菌丝层，不久即形成白粉层，即病菌菌丝体和分生孢子。进入甜菜生长中后期，在白色菌丝层中长出黄色至褐色、后变为黑色的子囊壳，病叶变黄干枯至死（图1-12）。

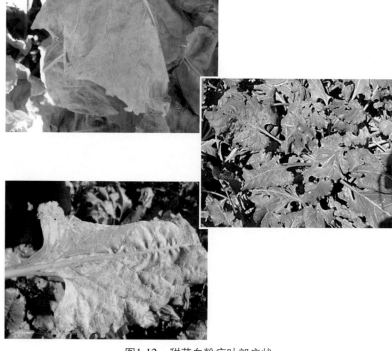

图1-12　甜菜白粉病叶部症状

　　干燥、炎热及昼夜温差大的气候有利于甜菜白粉病的发生和扩展，土壤干旱、肥力不足、重茬或迎茬发病重。

2.防治方法

（1）选用抗病品种。

（2）进行4年以上的轮作。

（3）加强田间管理。

（4）甜菜发病后及时喷洒50%嘧菌酯干悬浮剂3 000倍液、20%三唑酮乳油1 000倍液或10%苯醚甲环唑水分散粒剂1 500倍液。

二、甜菜褐斑病

1.症状及病因

　　甜菜褐斑病可危害叶片、叶柄、种球等部位（图1-13），常使甜菜减产10%～20%，含糖量降低1～2个百分点。原料甜菜、

图1-13　甜菜褐斑病症状

A、B.叶片症状　C.叶柄部症状　D.田间症状

采种甜菜均可发病。叶片染病初现褐色至紫褐色圆形至不规则形小斑点，后逐渐扩至3～4毫米，斑点四周由花青素形成褐色至赤褐色边缘，病斑中间较薄，易破裂。叶面病斑多于叶背，每张叶片病斑数可高达数百个。后期病部中央产生灰白色霉状物，即病原菌的分生孢子梗和分生孢子，病斑多融合成片干枯而死。植株从外叶先发病，逐渐向中层叶扩展，使新叶不断受害，造成根冠肥大、青头外露。叶柄染病形成梭形褐斑。

高温高湿条件下发病重，重茬或迎茬发病重。

2.防治方法

（1）选用抗病品种。

（2）收获后及时清除病残体，集中烧毁或沤肥，减少越冬菌源。

（3）实行4年以上轮作。当年甜菜地与前一年甜菜地应保持500米以上距离。

（4）发病前开始进行预测，于发病初期开始喷洒50%乙霉·多菌灵可湿性粉剂800倍液或70%甲基硫菌灵可湿性粉剂600倍液、28%霉威·百菌清可湿性粉剂500倍液、50%异菌脲可湿性粉剂1 000倍液、1 000亿个菌落/克枯草芽孢杆菌1 000倍液，隔10～15天喷1次，连续防治2～3次。

三、甜菜叶斑病

1.症状及病因

甜菜叶斑病主要危害叶片，初生许多浅褐色圆形至多角形斑点，病斑扩大后，病部中间变为灰白色，病斑边缘褐色至暗褐色（图1-14）。发病后，病部又产生分生孢子，借气流传播蔓延，进行再侵染。该病病原菌属弱寄生菌，长势弱或发生冻害的田块易发病。

2.防治方法

（1）采用高畦或起垄种植，合理密植，雨后及时排水，防止湿气滞留。

（2）发病初期喷洒50%异菌·福美双可湿性粉剂800倍液、25%多菌灵可湿性粉剂500倍液、50%腐霉利可湿性粉剂1 000倍液，每亩喷兑好的药液50升，隔7～10天1次，连续防治3～4次。

图1-14　甜菜叶斑病症状

四、甜菜蛇眼病

1.症状及病因

甜菜蛇眼病又称黑脚病。主要危害幼苗茎基部、叶、茎及根。茎基染病发芽后不久即显症，严重的未出土即病死；一般出土后3～4天显症，病株幼苗胚茎变褐，接近地面处尤为明显，后茎基部缢缩，引致猝倒。叶片染病初生褐色小斑，后扩大成黄褐色圆形小斑和大斑，小的直径2～3毫米，大的1～2厘米，斑上具同心轮纹和小黑点（图1-15），即病原菌分生孢子器。块根染病从根头向下腐烂，致根部变黑，表面呈干燥云纹状，后出现灰黑色小粒点，排列不规则。

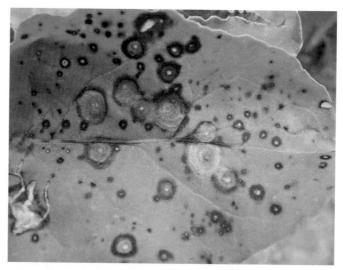

图1-15　甜菜叶斑病叶部症状

2.防治方法

（1）选用无病种子，必要时进行种子消毒，用52℃温水浸种60分钟，适当增加播种量。

（2）加强栽培管理。有条件的每亩施硼砂0.1～0.6千克，可提高抗病性。

（3）发病初期喷洒2.5%咯菌腈悬浮剂1 000倍液或25%嘧菌酯悬浮剂1 200倍液、20%噻菌铜悬浮剂400倍液、47%春雷·王铜可湿性粉剂800倍液、40%硫黄·多菌灵悬浮剂500倍液、70%甲基硫菌灵可湿性粉剂600倍液、75%百菌清可湿性粉剂800倍液，每亩喷兑好的药液50升，连续防治2～3次。

五、甜菜霜霉病

1.症状及病因

甜菜霜霉病主要侵染甜菜地上部幼嫩器官，多危害心叶。心叶染病，叶小而肥厚，反卷或皱缩，失绿变黄，湿度大时，叶背生有灰紫色霉层，即从气孔中伸出的菌丝和孢囊梗（图1-16）。

2.防治方法

（1）发病初期注意拔除病株，集中深埋或烧毁。

（2）发病初期喷洒68％精甲霜·锰锌水分散粒剂600倍液或25％嘧菌酯悬浮剂800倍液、78％波尔·锰锌可湿性粉剂500倍液、72％霜

图1-16 甜菜霜霉病叶部症状

脲·锰锌可湿性粉剂700倍液、60％锰锌·氟吗啉可湿性粉剂800倍液，隔7～10天1次，连续防治2～3次。

六、甜菜立枯病

1.症状及病因

因病原种类不同，甜菜立枯病症状可分三类：幼苗出土后，初病部为柠檬色，病斑褐色，呈凹陷斑痕，子叶下胚轴至根部逐渐变细，幼苗生长慢、矮化；主根下部或侧根初呈浅褐色至浅灰色，后整个根系呈丝线状黑褐干腐，导致幼苗萎蔫或猝倒；幼苗近土表或土表以下部位病变，造成幼苗出土前腐烂或出土后猝倒，病组织呈暗褐色或黑色干腐（图1-17）。

图1-17　甜菜立枯病叶部症状

2.防治方法

（1）前茬最好选用小麦、玉米等禾本科作物，不要重茬，前茬作物收获后立即耕翻整地。

（2）提倡使用种衣剂。

（3）生产中要重点施用磷肥，可减少发病。

（4）发病初期喷施30%苯甲·丙环唑乳油3 000倍液、95%噁霉灵可湿性粉剂3 500倍液。

七、甜菜苗腐病

1.症状及病因

甜菜苗腐病主要危害苗的茎基部和叶片。茎基部染病初现水渍状近圆形或不定形斑块，后迅速变为灰褐色至黑色腐烂，致植株从病部倒折。土壤或株间湿度大时，病部及周围土面长出白色至灰白色菌丝。叶片染病初现暗绿色近圆形或不定形水渍状斑，干燥条件下呈灰白色或灰褐色，病部似薄纸，易穿孔破碎。湿度大时，病部长出白色棉絮状物，即病菌菌丝体。

2.**防治方法**

(1) 选用耐高温多雨品种。

(2) 施用酵素菌沤制的堆肥或充分腐熟的有机肥，避免肥料带菌传播病害。

(3) 选留种子要充分成熟，以利苗壮。

(4) 实行分次间苗和晚定苗，以保证定留壮苗。

(5) 及时发现并拔除病株，集中田外深埋或烧毁，病穴应马上撒生石灰灭菌。

(6) 适时适量浇水，浇水安排在上午进行，严防大水漫灌，雨后及时排水，以降低土壤和株间湿度。

(7) 发病初期及时喷洒2.5%咯菌腈悬浮剂1 500倍液、70%乙膦铝·锰锌可湿性粉剂500倍液、60%琥铜·乙膦铝·锌可湿性粉剂500倍液、53%精甲霜灵·锰锌水分散粒剂500倍液、72%霜脲·锰锌可湿性粉剂600倍液、69%烯酰·锰锌可湿性粉剂700倍液或95%噁霉灵可湿性粉剂3 500倍液。

八、甜菜根腐病

1.**症状及病因**

甜菜根腐病是甜菜块根生育期间受几种真菌或细菌侵染后引起腐烂的一类根病的总称，因病原种类不同可分为5种。一是镰刀菌根腐病，主要侵染根体或根尾，使维管束变为浅褐色、木质化，病菌从主根或侧根、支根入侵，经过薄壁组织进入导管，造成导管褐变或硬化，块根呈黑褐色干腐状，根内出现空腔。发病轻的生长缓慢，叶丛萎蔫，严重的根块溃烂，叶丛干枯或死亡。二是丝核菌根腐病，根尾先发病，初现褐色斑点，逐渐扩展腐烂，凹陷0.5～1厘米，后在病斑上形成裂痕，从下向上扩展到根头。三是蛇眼菌黑腐病，根体处或根冠处出现黑色云纹状斑块，略凹陷，从根内向外腐烂。表皮烂穿后出现裂口，除导管外全部变黑。四是白绢型根腐病，根头先染病，后从根头开始向下蔓延，病组织开始变软凹陷，呈水渍状腐烂，外表皮或根冠土表处长出白色绢丝状菌丝体，后期其上长出油菜籽大小深褐色的小菌核。五是细菌性尾腐根腐病，细菌从根尾、根梢侵入，病组织变为暗灰色至铅黑色水渍状软腐，由下向上扩展，造成全根腐烂，常溢有黏液，散出腐败酸臭味（图1-18）。

图1-18　甜菜根腐病症状

2.防治方法

（1）选用、培育抗根腐病的甜菜品种。

（2）改进耕作栽培方法，改善栽培环境，选择土壤肥沃，轮作时间长的平地或地下水位低的田块，避免重茬和迎茬，注意深耕、深松土，做到及时中耕，破除土壤板结层。干旱严重时要及时灌水，可大大减轻镰刀菌根腐病。同时注意防治地下害虫，减少伤口，从而降低根腐病的发生概率。

（3）药剂防治。育苗时或大田直播时每亩用70%噁霉灵干粉剂3千克拌细土30千克均匀撒在苗床上耙入土中或施于沟中。

生长期防治：喷洒或浇灌2.5%咯菌腈悬浮剂1 000倍液、3%甲霜·噁霉灵水剂800倍液。

九、甜菜细菌性斑枯病

1.症状及病因

甜菜细菌性斑枯病主要危害叶片、叶柄和薹茎。叶片染病初生黄褐色水渍状小斑点，逐渐扩展成圆形或不规则形条状病斑（图1-19），

图1-19　甜菜细菌性斑枯病叶部症状

中间浅黄褐色，边缘深褐色或黑褐色，病斑形状因所在部位不同而各异。病斑扩展至叶脉时，叶脉变为黑色，病斑沿叶脉继续扩展蔓延，呈条状。病斑在叶缘则呈波状。叶柄染病生黑褐色条斑，湿度大时呈水渍状腐烂。薹茎染病产生黑褐色条状斑，严重的茎弯曲。

病菌附着在被害枯叶上越冬，借风或雨水传播，从甜菜叶片伤口处侵入叶组织内。6月中旬开始发病，7、8月高温多雨季节蔓延很快，8月下旬后随温度降低而停止扩展，田间发病与温湿度关系密切。

一般多在气候干燥骤然下雨及甜菜灌溉后，病情迅速蔓延。高温高湿是重要的发病条件。外界温湿度适合时，病株大批出现且迅速蔓延。

2. 防治方法

（1）由于甜菜种子带菌，采种地发现有细菌性斑枯病时，立即摘除有病的花薹深埋以防传染。

（2）种子消毒。播种前用0.8%敌磺钠可湿性粉剂或40%福美双粉剂拌种。或用40%甲醛水剂300倍液，加入高锰酸钾使甲醛蒸发，浸种5分钟后，捞出闷种2小时，使之继续起熏蒸作用，然后将种子摊开，待晾干后播种。

（3）清除田间病残体，及时秋翻将病残体深翻在土下层。

（4）增施磷肥。播种时每亩施过磷酸钙10千克，定植后适量追入氮肥，加速叶器官生长发育，增强抗病力。

（5）发病时用72%农用硫酸链霉素3 000 ~ 4 000倍液、12%松脂酸乳油600倍液、47%春雷·王铜可湿性粉剂700 ~ 800倍液喷雾防治。

十、甜菜黄化病毒病

1. 症状及病因

甜菜黄化病毒病初发病时出现零星病株，后扩展连片，严重的一片金黄（图1-20）。病株底层老叶叶尖或叶缘先变为橙黄色，渐向叶中心处扩展，致叶脉间出现大小不一、形状不定的黄色斑块，后斑块扩展致全叶变黄，仅叶脉保持绿色。病叶增厚、变脆、易破裂，就全株来说仅心叶保持绿色，外层叶均变黄干枯。盛夏中午时健叶下垂，病叶直立。有的后期病叶受交链孢菌腐生，出现黑褐色霉状物，叶枯萎卷曲。

图1-20　甜菜黄化病毒病症状

　　母根是主要侵染来源，主要由桃蚜、豆蚜传播。汁液摩擦也可传毒。该病发生流行与毒源、蚜虫数量及影响蚜虫活动的气候条件密切相关。5月下旬有翅蚜开始活动，7月中下旬和9月中旬出现两次高峰，6月中旬田间出现中心病株，8月中旬大发生，9月10日后新病株不再出现。有翅桃蚜的发生是该病流行重要条件，蚜虫消长受温度、湿度、降水量制约，气温25℃、相对湿度

40%～60%有利于其迁飞和繁殖，7月上旬降水量大能减少有翅蚜发生和迁飞，反之蚜虫迁飞高峰提前，迁飞量大，发病重。

2.防治方法

（1）选用抗病或耐病品种。

（2）及时清除杂草，减少蚜虫发生量和毒源。

（3）在蚜虫迁入甜菜地之前的6月中旬至7月上旬喷洒50%抗蚜威可湿性粉剂2 000倍液、10%吡虫啉可湿性粉剂2 000～3 000倍液或1.2%烟碱·苦参碱乳油500倍液。

（4）症状出现时，连续喷洒磷酸二氢钾或20%吗胍·乙酸铜可湿性粉剂500倍液、0.5%菇类蛋白多糖水剂250～300倍液，隔7天1次，促叶片转绿、舒展，减轻危害。

十一、甜菜丛根病

1.症状及病因

甜菜丛根病是近年来世界各地均有发生的一种甜菜病毒病害。该病对甜菜生产危害极大，一般发生田甜菜减产40%～60%，含糖量下降4～9个百分点，严重地块甚至绝产。

甜菜丛根病基本症状为根毛坏死，次生侧根、根毛异常增生或陆续坏死，大量次生侧根和根毛成团集结，块根、侧根剖面维管束有黄褐色条纹，且地上部症状多变（图1-21）。甜菜丛根病分为坏死黄脉型、黄化型、黄色焦枯型及黑色焦枯型4种类型。坏死黄脉型在叶片上沿叶脉呈鲜黄色至橙黄色，后沿叶脉形成褐色坏死，根部具典型的丛根症状。黄化型叶片变淡黄至黄绿色，严重时变成近白色，类似缺肥黄化，叶片变薄，叶片直立或狭长，根部有丛根症状。黄色焦枯型叶片主脉间出现大面积褐色坏死，叶片下垂，中午烈日下暂时萎蔫，早上可恢复，根部具严重的丛根症状。黑色焦枯型叶片叶脉间出现黑褐色焦枯，初期表现为零散的黑褐色大小不等的不规则枯斑，叶片通常直立向上，向内卷曲，根部根毛大量坏死，但丛根症状不很明显。

图1-21　甜菜丛根病症状

　　甜菜丛根病是由甜菜多黏菌携带的甜菜坏死黄脉病毒侵染甜菜块根引起的。因此，田间甜菜多粘菌的数量与该病发生有直接关系。土壤温度过高、湿度过大，有利于甜菜多黏菌休眠孢子萌发，因此排水不良、灌溉过量的地块易发病。

2.防治方法

（1）选用抗病或耐病品种。

（2）由病毒引发的坏死黄脉型、黄化型和黄色焦枯型甜菜丛根病，甜菜多黏菌侵入甜菜根部前有一段时间游动孢子暴露在寄主体外，受外界条件影响很大，这是防治该病的有利时机。

（3）及时清除农田杂草，尤其是藜科杂草。

（4）轻病区实行4年以上的轮作，重病区坚持轮作10年以上，避免重茬，避开病地采种。适期早播，增施磷肥。

（5）对黑色焦枯型丛根病的防治则应从杀灭传播该病的长针线虫入手。

十二、甜菜缺素症

甜菜正常生长需要多种营养元素，这些元素在甜菜的生长发育过程中有其特定的生理作用。当甜菜缺乏不同的营养元素时，植株会表现出特有的缺素症状。甜菜生长可能会同时缺乏多种必需营养元素，症状表现较为复杂。同时，营养生理性病害与细菌、真菌及病毒性病害在病症上有许多相似之处，仅从植株所表现的症状往往难以区分。在实际生产中施肥不及时，甜菜就会由于缺乏某些微量元素，而出现一系列不利症状，严重影响甜菜产量以及品质，所以识别诊断这些症状，以便做到对症下药显得尤为重要。

1.症状及病因

（1）缺素症状。

①缺氮（N）。甜菜缺氮后，病症首先出现在外层叶片，叶片呈现均匀的淡绿色，进而变为黄色，植株明显较正常植株矮小，新生叶片狭而瘦，叶柄细长，根系生长不良，并微带红色。

②缺磷（P）。缺磷甜菜植株矮小，生长缓慢，叶片颜色较深，为暗绿色，叶柄为紫红色，叶片小，绿叶面积明显减少，叶绿素含量降低，干物质积累减少，根系较长，侧根多而细，分布较集中。

③缺钾（K）。缺钾甜菜老叶首先表现出叶缘和叶尖黄化，并逐渐向叶中部扩展，叶缘向下卷曲，叶片皱缩。

④缺钙（Ca）。缺钙甜菜植株矮小，生长严重受阻，新叶狭长，颜色较浅，为黄绿色，后期严重缺钙时，生长点死亡，根系生长缓慢，块根细长，侧根极少。

⑤缺镁（Mg）。缺镁甜菜外层叶片的叶尖和叶缘部分沿叶脉间褪绿变黄，并逐步向叶内部扩展，植株生长受抑制，后期严重缺镁时植株矮小，叶缘变黑。

⑥缺锰（Mn）。甜菜缺锰首先表现出新叶失绿，由淡绿色变为黄色，但叶脉仍保持绿色，叶丛直立，叶缘向内卷曲。

⑦缺锌（Zn）。甜菜缺锌叶片小，外层叶片先表现为叶脉间失绿变黄，有时出现灰白色斑点。

⑧缺铁（Fe）。甜菜缺铁幼叶小，叶脉间网状失绿，呈现花斑，中、外层叶片黄绿色，老叶呈微红色。

⑨缺硼（B）。甜菜缺硼新叶卷曲变形，叶色深绿，植株矮小，中下部叶片有白色网状皱纹，老叶叶脉变黄，最后全叶黄化枯死。严重时心叶枯死腐烂，可扩展至根冠部，产生心腐。

⑩缺铜（Cu）。甜菜缺铜幼叶显蓝绿色，老叶从叶尖开始出现大理石纹状缺绿形式，逐渐扩展至整个叶片，叶脉绿色，叶片薄，缺绿部分变为白色、灰白色或棕色，边缘呈波浪形，根系长，白色。

（2）缺素原因。

①缺氮：降水量大，淋洗严重或有机质含量低的土壤易缺氮。

②缺磷：酸性土壤、淋溶严重的土壤和石灰性或重金属污染的土壤易缺磷。

③缺钾：沙土、淋溶严重或复种指数高的土壤易缺钾。

④缺硼：碱性沙土、自然酸性淋溶土易缺硼。

⑤缺锰：有机质含量高、石灰性土壤易缺锰。

⑥缺锌：石灰性土壤以及钙、镁和磷含量高的土壤易缺锌。

⑦缺铜：一般高度风化的土壤和沙壤土易缺铜。

⑧缺铁：石灰性土壤及磷、锰、铜、锌或其他重金属含量丰富的土壤易缺铁，此外，土壤温湿度过高也能引致铁缺乏。

⑨缺镁：酸性土及盐碱土能引起缺镁症状。

2.防治方法

（1）施足基肥。甜菜需肥量大，每生产2 000千克块根，约需氮素10千克，五氧化二磷3.0千克，氧化钾12千克，田间施肥量根据产量指标及土壤营养状况确定。如亩产2 000千克地块，即需纯氮10.8千克，五氧化二磷10.7千克，氧化钾10千克，其比例一般为1∶1∶1。基肥为施肥总量55%～60%，最好秋施。

（2）巧施种肥。种肥占施肥总量的15%～20%，可用优质有机肥及多种化肥，一般亩施有机肥1 000千克，磷酸二铵2.5～5千克，过磷酸钙10～20千克，硫酸钾3～4千克或草木灰25～50千克。

（3）及时追肥。甜菜追肥常占施肥总量的20%～25%，一般以氮肥为主，配合适量磷。即定苗时每亩施磷酸二铵7.5～10千克，过磷酸钙5～7.5千克，硫酸钾3～4千克。甜菜进入生育后期对磷、钾需要量大，可于封垄后叶面喷施0.6%～1%氯化钾溶液，每亩喷施肥液70升。

图1-22 甜菜跳甲成虫

十三、甜菜跳甲

1.生活习性及发生危害

甜菜跳甲一年发生1代，以成虫（图1-22）在藜科和蓼科杂草丛中越冬，第二年春季气温升高时成虫开始活动。5月上中旬危害甜菜幼苗，成虫咬食子叶和真叶后，呈缺刻或圆孔形，大量发生时，全部叶子被吃光，造成缺苗断垄，甚至补种或毁种。

2.防治方法

（1）农业防治。及时中耕，清除

杂草，破坏跳甲活动场所，消除跳甲繁衍源头。

（2）甜菜地边行应适当增加播种量，适当晚疏苗，以避免缺苗断垄。

（3）化学防治。跳甲主要是从田边及林带边缘从越冬场所不断地向田内迁移，为此必须对田间四周进行药剂封闭，特别是在甜菜幼苗期，幼虫盛发阶段，喷洒25%溴氰菊酯乳油或4.5%高效氯氰菊酯乳油1 000 ～ 2 000倍液防治。

十四、甜菜象甲

1.生活习性及发生危害

甜菜象甲每年发生1代，以成虫（图1-23）在15 ～ 30厘米土层内越冬。翌春即开始出现并危害甜菜幼苗（图1-24）。成虫5月中旬开始产卵，多产于寄主根际土表上、碎叶上或土表下。幼虫在表土下15 ～ 25厘米处活动，咬食甜菜块根（图1-25），影响块根生长，重则使整株枯死。幼虫期约50天。幼虫老熟后在土内结土茧化蛹。成虫在甜菜幼苗出土后，咬食子叶和真叶成缺刻，严重时把叶片吃光或咬断幼茎，造成缺苗断垄。

图1-23　甜菜象甲成虫

2.防治方法

（1）实行轮作。选择距前两年种甜菜地500米远的地块安排甜菜，可减少虫源。

（2）甜菜出苗时，20厘米土层温度稳定在10℃以上时查虫，当每平方米有0.1头成虫时，喷洒或浇灌4.5%高效顺反氯氰菊酯乳油或1.2%烟碱·苦参碱乳油500倍液，在产卵前杀灭成虫。

图1-24 甜菜幼苗被害状

图1-25 甜菜块根被害状

十五、甜菜潜叶蝇

1.生活习性及发生危害

甜菜潜叶蝇属双翅目，花蝇科，别名甜叶潜蝇。寄主有甜菜、菠菜等。

一年发生2～3代，以蛹在土中越冬。翌年5月中下旬羽化为成虫，把卵产在甜菜、菠菜或杂草叶背面，3～5个一排。初孵幼虫钻入叶肉取食危害，6月上中旬进入幼虫危害盛期。以幼虫在寄主叶片上下表皮之间潜食叶肉（图1-26、图1-27），残留表皮，呈白色泡状，影响甜菜光合作用。

2.防治方法

适时灌溉，清除杂草，消灭越冬、越夏虫源，降低虫口基数，还可以使用黄板诱杀、灯光诱杀、纱网防虫等物理方法，或者利用天敌如寄生蜂来防治。

图1-27　甜菜潜叶蝇幼虫

图1-26　甜菜叶片被害状

　　刚出现危害时喷药防治幼虫，防治幼虫要连续喷2 ~ 3次，可用40％二嗪磷乳油1 000 ~ 1 500倍液或1.2％烟碱·苦参碱乳油500倍液。

　　十六、甘蓝夜蛾

　　1.生活习性及发生危害
　　甘蓝夜蛾的发生往往出现年代中的间歇性暴发。成虫喜在高大茂盛的植株上产卵，所以长势茂盛的甜菜受害重（图1-28、图1-29）。

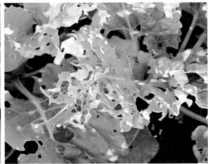

图1-28　甘蓝夜蛾危害状

图1-29 甘蓝夜蛾形态特征
A.成虫 B.卵 C、D.幼虫 E.蛹

一年一般发生2代，主要以第二代幼虫危害为主。8月上中旬为第二代成虫盛发期，也是产卵盛期。第二代幼虫发生盛期为8月下旬至9月上旬，9月中下旬入土化蛹越冬。

2.**防治方法**

（1）秋翻整地，消灭越冬蛹。

（2）田间释放赤眼蜂。在卵期释放赤眼蜂卡，每亩1.5万～2万头，分两次释放。

（3）幼虫三龄前在田间危害有明显点片特点，此期可结合田间管理进行挑治。三龄以后由于幼虫已扩散危害，则需要全面开展防治。每亩用2.5%溴氰菊酯乳油或2.5%氯氟氰菊酯乳油2 000倍液对茎叶喷雾。

十七、甜菜夜蛾

1.生活习性及发生危害

甜菜夜蛾是一种多食性昆虫，据报道可取食35科108属138种植物，其中大田作物28种，蔬菜32种。近年来，甜菜夜蛾不仅连续多年在我国南方地区暴发危害，河南、河北、山东、山西、陕西等地也遭受甜菜夜蛾的严重危害。

甜菜夜蛾成虫昼伏夜出，有强趋光性和弱趋化性，老熟幼虫入土化蛹。幼虫可成群迁移，稍受震扰吐丝落地，有假死性。三至四龄后，白天潜于植株下部或土缝，傍晚移出取食危害。严重时可吃光叶肉，仅留叶脉，甚至剥食茎秆（图1-30、图1-31）。

图1-30　甜菜被害状

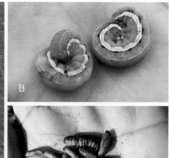

图1-31 甜菜夜蛾形态特征
A.成虫 B.幼虫 C.蛹

2.防治方法

（1）晚秋初冬整地灭蛹。

（2）结合田间管理，及时摘除卵块和虫叶，集中消灭。

（3）用黑光灯诱杀成虫。

（4）用诱捕器物理诱杀成虫。通过在田间设置物理结构的诱捕器，将人工合成的化学信息素诱芯放置于诱捕器中，引诱成虫至诱捕器中，物理诱杀成虫。

（5）此虫体壁厚，排泄效应快，抗药性强，一定要及早防治，在初孵幼虫未发生危害前喷药防治。在发生期每隔3～5天田间检查一次，发现有点片发生的要重点防治。喷药应在傍晚进行。三龄前幼虫盛期进行喷雾防治，可选用下列药剂：20%氰戊菊酯乳油、50%高效氯氰菊酯乳油、1.2%烟碱·苦参碱乳油500倍液。

十八、草地螟

1.生活习性及发生危害

草地螟是间歇性大发生的重要害虫。成虫白天在草丛或作物地里潜伏，在天气晴朗的傍晚，成群随气流远距离迁飞，成虫飞翔力弱，喜食花蜜。卵多产于藜等杂草的叶背和茎上，常3～4粒排在一起,以距地面2 ~ 8厘米的茎叶上最多。初孵幼虫多集中在枝梢上结网躲藏,取食叶肉。幼虫共5龄,三龄前多群栖网内,三龄后分散栖息。在虫口密度大时,常大批从草滩向农田爬迁危害。成虫孕卵期间如遇环境干燥,又不能吸食到适当水分,产卵量减少或不产卵,成虫向外迁移。一年发生2代,以第一代危害最为严重,以老熟幼虫在土内吐丝作茧越冬。

　　初龄幼虫取食叶肉组织,残留表皮或叶脉。三龄后可食尽叶片。大发生时能使作物绝产(图1-32、图1-33)。

图1-32　草地螟田间
　　　　危害状

图1-33 草地螟形态特征

A、B.成虫 C.幼虫

2.防治方法

（1）鉴于草地螟幼虫的严重危害性，一要严密监测虫情，加大调查力度，增加调查范围、面积和作物种类，发现低龄幼虫达到防治指标时要立即组织开展防治；二要认真抓好幼虫越冬基数调查。

（2）此虫食性杂，应及时清除田间杂草，可消灭部分虫源，秋耕或冬耕还可消灭部分在土壤中越冬的老熟幼虫。

（3）在幼虫危害期喷洒4.5%高效氯氰菊酯乳油或2.5%氯氟氰菊酯乳油1 000倍液。

第二章 谷 子

第一节　有机谷子栽培技术

第二节　谷子病虫害防治技术

第一节　有机谷子栽培技术

一、选地

种植谷子要选择田间排水良好，地势高燥，pH 6.5～8.3，有机质含量2.5%以上的透气性好的壤土或沙壤土。周边无污染源，土壤有机质含量在2.5%以上，pH 6.5～7.5，土壤具有良好的保水保肥能力，光照充足，有效积温适宜，旱涝保收，上一年度和前茬作物未使用化学合成物质，种谷技术基础好。

二、精细整地

谷子籽粒小，提倡精细整地以利于出全苗、促壮苗。整地包括浅耕除茬，耕、翻、耙、耱、压等。耕翻时间以早秋为宜，耕翻要结合深施腐熟的优质农家肥作基肥，翻后要立即耙压，以利于碎土保墒。整地质量要求高低差不大于5厘米。

三、品种选择

通过常规育种，连续两年有机栽培，获得有机谷种，具有良好的适应性、抗逆性、抗病虫性和商品性，杜绝使用转基因品种。适合的品种有大金苗、小金苗、张杂谷6号、张杂谷12、张杂谷13、赤谷6号、赤谷8号、铁谷1号、铁谷5号、朝谷6号、朝谷7号、朝谷8号等。

四、水肥管理

有机谷子生产过程中不使用化肥、农药、生长调节剂等任何人工合成物质，也不使用基因工程生物及其产物。

（1）基肥。结合秋整地亩施优质腐熟的农家肥2 000千克。

（2）追肥。亩施腐熟的豆饼肥或菜籽饼肥100千克。

五、播种

1.种子处理

（1）晒种。播前一周将谷种在太阳下晒2～3天，以杀死病菌，减少病源并提高种子发芽率和发芽势。

（2）选种。机械选种，以提高种子发芽率。

（3）温汤浸种。播种前采取温汤浸种能杀死黏附在种子表面的线虫、白发病菌及粒黑穗病菌等。具体方法：将种子放于55℃的温水中浸泡10分钟，捞出漂浮的秕谷和杂质，将下沉的籽粒取出晒干即可。

2.适时早播

适宜播期为4月25日至5月10日，气温稳定在7～9℃，5厘米土层温度达8℃为宜。

3.播种形式

主要有条播、沟播，为防干旱采用开沟接墒播种，施肥后覆土、镇压，有利于保墒保苗。

4.播种量及播种深度

机播每亩播种量0.4～0.5千克，犁播每亩播种量0.7千克，覆土深度一般为3～4厘米。

5.合理密植

中上等肥力地每亩2.5万～3万株，中等肥力地每亩3.5万～4万株，行距为60厘米，播幅15厘米。

六、田间管理

中耕除草，以机械除草为主，人工除草为辅。

在拔节后、孕穗前结合追肥进行一次深中耕。中耕深度6～7厘米。

在孕穗期进行一次浅耕，一般深度3～4厘米，不伤根，只除草松土并高培土，以促进根系生长旺盛和根量增多，增强吸收水肥能力，防止后期倒伏，也便于排水和灌溉。

七、病虫害绿色防控

1.生物农药

生物农药用后无污染、无残留，是一种无公害农药。药剂拌种：谷子白发病用3亿个菌落/克哈茨木霉菌可湿性粉剂，按药、种子比为4∶100的比例拌种有较好的防效。病虫害发生初期，可选用1.3%苦参碱水剂800倍液、苜核·苏云菌悬浮剂500倍液防治蚜虫等害虫；6%春雷霉素可湿性粉剂500倍液、10%宁南霉素可溶粉剂600倍液、10亿个菌落/克多黏类芽孢杆菌细粒剂250倍液防治谷瘟病。

2.利用赤眼蜂防治玉米螟和栗灰螟

在6月上中旬，通过对玉米螟和栗灰螟的卵巢发育进度调查，做好虫情预报，确保蜂卵相遇，并按技术要求释放松毛虫赤眼蜂，每亩释放60 000头，分两次进行释放。

八、收获

谷子收割早了，会因籽粒不饱满而减产，"谷子伤镰一把糠"，收割迟了会因风磨而落粒减产。

95%谷粒变硬时及时收获，避免品质降低、落粒和遇雨穗发芽等。平原区可采用切流式联合收获机收获（图2-1）；丘陵山区可采用多功能割晒机收割和谷子脱粒机脱粒。谷子收获后籽粒含

图2-1　机械收获

水量一般在20%～30%，应及时晾晒或烘干使籽粒含水量降至13%以下。

第二节　谷子病虫害绿色防控技术

一、谷子白发病

1.症状及病因

谷子从萌芽到抽穗后，在各生育阶段，陆续表现出多种不同症状（图2-2）。

图2-2　谷子白发病田间症状

（1）灰背。从2叶期到抽穗前，病株叶片变黄绿色，略肥厚和卷曲，叶片正面产生与叶脉平行的黄白色条状斑纹，叶背在空气潮湿时密生灰白色霉层，为病原菌的孢囊梗和游动孢子囊，这一症状被称为"灰背"。苗期白发病的鉴别，以有无"灰背"为主要依据。

（2）白尖、枪杆、白发。株高60厘米左右时，病株上部2～3片叶片不能展开，卷筒直立向上，叶片前端变为黄白色，称为"白尖"。7～10天后，白尖变褐，枯干，直立于田间，形成"枪杆"。以后心叶薄壁组织解体纵裂，散出大量褐色粉末状物，即病原菌的卵孢子。残留黄白色丝状物，卷曲如头发，称为"白发"。病株不能抽穗。

（3）看谷老。有些病株能够抽穗，但穗子短缩肥肿，全部或局部畸形，颖片伸长变形成小叶状，有的卷曲成角状或尖针状，向外伸张，呈刺猬状，称为"看谷老"。病穗变褐干枯，组织破裂，也散出黄褐色粉末状物。

病原菌以卵孢子混杂在土壤中、粪肥里或黏附在种子表面越冬。卵孢子在土壤中可存活2～3年。

谷子发芽时，卵孢子萌芽产生芽管，从胚芽鞘、中胚轴或幼根表皮直接侵入，蔓延到生长点，随生长点分化而系统侵染，进入各层叶片和花序，表现各种症状。谷子芽长3厘米以前最易被侵染。

"灰背"上产生的大量游动孢子囊随风雨传播，重复进行再侵染，在叶片上形成局部病斑。但游动孢子囊侵染有分生组织的幼嫩器官时，也可产生系统侵染，在田间以分蘖发病率最高。

2.防治方法

（1）种植抗病品种。谷子白发病病原菌有不同生理小种，在抗病育种和种植抗病品种时应予注意。

（2）农业防治。轻病田块实行2年轮作，重病田块实行3年以上轮作，适于轮作的作物有大豆、高粱、玉米、小麦和薯类等。施用净肥，不用病株残体沤肥，不用带病谷草做饲料，不用谷子脱粒后场院残余物制作堆肥。在"白尖"出现但尚未变褐破裂前拔除病株，并带到地外深埋或烧毁。要大面积连续拔除，直至拔净为止，并需坚持数年。

（3）药剂防治。用35%甲霜灵拌种剂按种子量0.2%～0.3%直接干拌种或加水湿拌；或用50%琥铜·甲霜灵可湿性粉剂按种子量0.3%～0.4%拌种。

二、谷子粒黑穗病

1.症状及病因

谷子粒黑穗病主要危害穗部（图2-3），通常一穗上只有少数籽粒受害。病穗刚抽出时，因孢子堆外有子房壁及颖片掩盖不易被发现。当孢子堆成熟后全部变黑才显症。

图2-3　谷子粒黑穗病症状

该病属芽期侵染的系统性病害。冬孢子附着在种子表面越冬，成为翌年初侵染源。

种子萌发时，病菌主要从幼苗的胚芽鞘侵入，并扩展到生长点，随寄主发育不断扩展，最后侵入穗部，破坏子房，致病穗上籽粒变成黑粉。

2.防治方法

（1）选用抗病品种。

（2）严格选种，剔除病穗并销毁。

（3）药剂防治用40%福美·拌种灵粉剂或50%多菌灵可湿性粉剂、15%三唑醇拌种剂按种子量0.2%～0.3%拌种。用2%戊唑醇湿拌种剂10～15克，兑水调匀成糊状，拌谷子种子10千克。

三、谷子锈病

谷子锈病是谷子上重要的气传流行性病害，在世界谷子产区经常发生，我国从南方到北方凡是有谷子栽培的地方均普遍发生，而在河南、山东、河北、辽宁等地发生尤其严重。在锈病大流行年份，无论是夏谷区、春谷区，或夏谷与春谷混种区的感病品种产量损失严重，一般减产30%以上，个别严重地块甚至颗粒不收。

1.症状与病因

谷子锈病在谷子的叶片和叶鞘上都可发生，但主要侵染叶片（图2-4）。在田间，病害一般在谷子抽穗初期发生，而在夏谷区有时发生较早。发病初期多在中部以下叶片表面尤其是叶背面开始

图2-4　谷子锈病叶片症状
A.叶面　B.叶背

产生深红褐色斑点，稍隆起，即锈菌的夏孢子堆。夏孢子堆长椭圆形、椭圆形，面积很小，直径约1毫米，散生，向寄主表皮下面发展，致表皮破裂，散发出黄褐色粉末，即锈菌的夏孢子。叶片上一般可产生许多夏孢子堆，成熟后突破寄主表皮，增强了蒸腾作用，使植株丧失大量水分，减少光合作用面积，如生长过密，叶片早期枯死。谷子锈病发展到后期，在叶背和叶鞘上（尤其是叶鞘上）可散生灰黑色小点，即锈菌的冬孢子堆。

我国北方谷子锈病的初侵染来源主要是当地越冬的夏孢子，也可能是广泛分布于我国的青狗尾草上的锈菌夏孢子。

由于在谷子抽穗前后每年的气温波动不大，基本能满足诱发锈病所需的温度，故每年锈病发生程度取决于当时的降水量与降水次数。凡是7～8月雨水较多的年份，锈病发生普遍而严重；在气候干燥的年份，一般谷子锈病发生轻重还与栽培条件关系密切。一般栽培在低洼多湿田的谷子比在高地干燥田的锈病发生较重。种植在坡地的谷子除非气候阴湿，一般锈病发生轻。天气干燥，在地势高、干旱的地块，虽密植，但锈病严重度增加并不明显。但在地势低洼、比较潮湿的地块，若密植谷子，则锈病发生会更严重。

2.防治方法

（1）选育和引种抗（耐）锈丰产品种是防治谷子锈病最经济有效的措施。

（2）加强栽培管理。栽培丰产早熟品种或适期早播，可以促使谷子植株在锈病发生前或发生期抽穗，以避过锈病的盛发期，减轻危害程度。及时清除田间病残株，减少菌源。由于谷子锈病以夏孢子在病残体（谷草）上越冬，成为第二年发病的主要侵染来源。如能在7月以前彻底清除病残体，即能减少菌源，有较好的防治效果。同时实行秋季翻耕，也可以减少田间越冬菌源。田间留苗不宜太密，杂草要适时清除，保持垄间、株间通风透光。并避免过量施用氮肥，氮、磷、钾三要素配合适当则发病轻。

（3）药剂防治。在锈病暴发流行的情况下，药剂防治是大面积控制流行的主要应急措施。一旦发生，及时喷洒内吸性杀菌剂。防治效果好的药剂有：25%三唑酮可湿性粉剂800～1 000倍液、15%三唑醇可湿性粉剂1 000倍液、50%萎锈灵可湿性粉剂1 000倍液；或每公顷用12.5%烯唑醇可湿性粉剂900克、70%甲基硫菌灵可湿性粉剂3千克、70%代森锰锌可湿性粉剂6千克，在田间发病中心形成期，即病叶率1%～5%时，任选其一兑水喷施1次，隔7～10天喷第二次药，可达到良好的防治效果。

四、谷子瘟病

1.症状及病因

谷子瘟病菌从谷子苗期到成株期均可侵染，侵害谷子叶片、叶鞘、节、穗颈、穗轴或穗梗等各个部位，引起叶瘟、穗颈瘟、穗瘟等不同症状。

叶瘟（图2-5）：病菌侵染叶片，先出现椭圆形暗褐色水渍状小斑点，以后发展成梭形斑，中央灰白色，边缘褐色，有的有黄色晕环。空气湿度大时，病斑背面密生灰色霉层（病原菌的分生孢子梗和分生孢子）。严重时病斑密集，有的会合为不规则的长梭形斑，造成叶片局部枯死或全叶枯死。有时还可侵染至叶鞘，形成鞘瘟，表现为椭圆形黑褐色病斑，严重时多数会合，扩大成长椭圆形或不规则形，叶鞘早期枯黄。严重发病时常在抽穗前后发生节瘟。节部先呈现黄褐或黑褐色小病斑，逐渐扩展环绕全节，阻碍养分输送，影响灌浆结实，甚至造成病节上部枯死，易倒伏。

穗颈瘟：穗颈上的病斑初为褐色小点，逐渐向上下扩展变黑褐色。受害早、发展快的，病斑环绕穗颈造成全穗枯死。

穗瘟（图2-6）：穗主轴发病，会造成上半穗枯死，不能灌浆结实，发病晚、扩展慢的籽粒不饱满。有的仅部分小穗受害，小穗梗变褐枯死，阻碍其上小穗发育灌浆，早期枯死呈黄白色，称为"死码子"。发病枯死的穗或小穗后期变黑灰色，籽粒干瘪。

图2-5 谷子叶瘟典型病斑　　　　　图2-6 谷子穗瘟典型病斑

谷子瘟病菌随病草、病株残体和种子越冬，成为翌年的初侵染来源。播种过密、通风透光不良、湿度过高都有利于谷子瘟病的发生和流行。因此，低洼地、排水不良和小气候多湿的谷地往往发病较重。而偏施氮肥、氮肥用量过多或追施时期过晚的地块更易导致植株疯长，组织柔嫩，容易被病原菌侵染，遇上适于发病的气候条件，往往引起病害大流行，损失严重。同时，谷子瘟病菌菌源数量也是影响病害发生程度的重要条件。重茬谷地因积累大量病株残体和侵染菌源，发病较重。

2.防治方法

（1）选用抗（耐）病丰产良种。谷子不同品种对谷子瘟病的抗性差异非常明显，种植抗病品种是防治谷子瘟病的一项经济有效措施。

（2）加强栽培管理，增强植株抗病性。合理施肥，避免偏施氮肥，配合施磷、钾肥，或结合深耕进行分层施肥。施肥数量要根据品种需肥情况决定，既要防止缺肥，更要注意勿施过量。基肥要多用有机肥，数量要充足。追肥要及时适量，防止过多过晚。根据土壤肥力情况实行合理密植，密度不宜过大，或实行宽行密植，以使通风透光良好。水浇地要禁忌大水漫灌。灵活采用这些措施，可防止植株疯长，增强抵抗力，减轻发病。此外，秋收后及时清除田间遗留的病株残体，并进行秋翻土地。有条件的地区可实行3年轮作。

（3）药剂防治。谷子瘟病的防治要抓住早期施药。一般叶瘟初发期施药一次，如果病情发展得较快，5～7天再喷一次，特别在抽穗前需要喷施一次，以防穗瘟。防治穗瘟，一般受害田齐穗期喷一次；流行年份或重病田始穗期、齐穗期各喷一次。可用药剂有2%春雷霉素可湿性粉剂500～600倍液、20%三环唑可湿性粉剂1000倍液、40%敌瘟磷乳油500～800倍液或40%稻瘟灵乳油1500～2000倍液，每公顷喷药液450～600升。

五、地老虎

1.生活习性及发生危害

地老虎（图2-7）以幼虫危害寄主的幼苗、幼茎及嫩叶等。三龄后躲在植株根部，将幼苗近地表的茎基部咬断，苗大时咬成空洞，形成枯心。白天潜伏在作物根部附近，夜晚出来危害，咬断嫩茎，或将被害苗拖入土洞中食用。幼虫期40天左右，幼虫老熟后潜入地下3厘米处化蛹。成虫羽化后出土，昼伏夜出。白天栖息在田间草丛、枯叶、油菜田、麦田、土缝、柴草垛等隐蔽场所，在夜间进行羽化、飞翔、取食、产卵等活动。

图2-7 地老虎

A.小地老虎成虫 B.小地老虎幼虫 C.大地老虎成虫 D.大地老虎幼虫

2.防治方法

（1）清除杂草是消灭地老虎成虫产卵处所和幼虫食料的重要措施。

（2）灌水灭虫。地老虎发生后，尤其是虫龄增大后，根据作物种类的不同，及时进行灌水，地老虎随水钻入土壤深层，减轻对作物的危害。

（3）捕杀幼虫。当田间发现被害株时，在被害株根部附近土中捕捉。

（4）药剂防治。发现谷子被害时，可在夜晚喷施50%辛硫磷乳油1 000倍液、20%氰戊菊酯乳油1 500 ～ 2 000倍液或2.5%溴氰菊酯乳油2 000倍液防治。

六、蝼蛄

1.生活习性及发生危害

蝼蛄（图2-8）穿行隧道，造成根土分离，使幼苗干枯死亡，经常将植株咬成乱麻状。蝼蛄具有强烈的趋光性，昼伏夜出，晚上9：00 ～ 11：00为活动取食高峰。蝼蛄对香、甜的物质气味有趋性,特别嗜食煮至半熟的谷子、棉籽及炒香的豆饼、麦麸等；而且对马粪、有机肥等未腐熟有机物也具有趋性。蝼蛄有群集特点，初孵若虫群集、怕光、怕风、怕水。

图2-8　蝼蛄

2.防治方法

（1）精耕细作、深翻细耙、轮作、适时中耕除草等，均可改变蝼蛄的适生环境，降低虫口密度，减少危害。

（2）合理施肥，不施未腐熟的厩肥，可减少蝼蛄的集居，避免危害。

（3）适期灌水，可迫使蝼蛄转移，蝼蛄受淹后，会浮出水面，便于捕杀。

（4）利用蝼蛄对马粪、灯光的趋性，进行诱杀，可减少虫口数量，降低危害。

（5）药剂防治。用20%克·福种衣剂进行种子包衣；用50%辛硫磷乳油按种子量的0.1%～0.2%拌种，闷种4～12分钟再播种。

七、蛴螬

1.生活习性及发生危害

蛴螬（图2-9）是金龟子的幼虫，喜食刚播种的种子、根、茎，断口整齐平截，造成地上部分萎蔫，田间缺苗断垄或毁种。

图2-9　蛴螬

2.防治方法

（1）农业防治。春季、秋收后翻耕土壤，实行精耕细作，通过机械作业以恶化地下害虫的生存条件；铲除杂草；科学施肥：农家肥必须腐熟、利用施铵态氮的腐蚀熏蒸作用，减轻危害。

（2）药剂防治。参考蝼蛄的药剂防治。

八、金针虫

金针虫（图2-10）是叩头甲幼虫的通称，属鞘翅目叩头甲科，是一类重要的地下害虫。

图2-10 金针虫
A.幼虫 B.成虫

1.生活习性及发生危害

幼虫在土中咬食刚发芽的种子，咬断出土或新移栽的幼苗。被害部位不整齐，呈乱麻状。春天雨水适宜，土壤墒情好时，危害加重，反之则危害减轻。

2.防治方法

（1）农业防治。合理使用腐熟的有机肥料；精耕细作，通过机械损伤或将虫体翻出土面让鸟捕食减少虫害；小面积危害较重的田块，一般幼虫就藏在新危害的作物附近，可人工扒土捉虫。

（2）物理防治。用黑光灯诱杀成虫。

（3）药剂防治。参考蝼蛄药剂防治。

九、谷子灰螟

1.生活习性及发生危害

谷子灰螟又名粟灰螟、谷子钻心虫等，主要危害谷子、玉米、高粱等。幼虫蛀入茎基部取食危害，形成枯心苗，被害株遇风易折断，有时造成谷子白穗（图2-11、图2-12）。

幼虫于5月下旬化蛹，6月初羽化，一般6月中旬为成虫盛发期，随后进入产卵期。第一代幼虫6月中下旬危害。8月中旬至9月上旬进入第二代幼虫危害期。成虫昼伏夜出。傍晚活动，交尾后把卵产在谷叶背面，初孵幼虫爬至茎基部从叶鞘缝隙钻孔蛀入茎里危害。幼虫共5龄，低龄幼虫喜群集，三龄后开始分散。四龄后开始转株危害，每只幼虫常危害2～3株，老熟后在茎里化蛹。

图2-11　谷子灰螟危害状

图2-12　谷子灰螟

A.成虫　B.卵　C.幼虫　D.蛹

2.防治方法

（1）谷草须在4月底以前粉碎以减少越冬虫源。

（2）当谷田每500株谷苗有1个卵块或千株谷苗累计有5个卵块时，应马上用50%毒死蜱乳油100毫升，加少量水后与20千克细土拌匀，顺垄撒在谷株心叶或根际。

十、玉米螟

1.生活习性及发生危害

玉米螟俗称钻心虫，是谷子、玉米等作物的重要蛀食性害虫。玉米螟以幼虫危害，心叶期取食叶肉、咬食未展开的心叶，造成花叶状，抽穗后蛀茎危害。危害谷子多在谷子抽穗期或抽穗后，钻蛀茎内，谷子遇风折断，使谷穗不实或秕粒增多，影响产量和品质（图2-13）。

一年发生1～2代。通常以老熟幼虫在谷子、玉米茎秆、穗轴内中越冬。

图2-13　玉米螟危害状1

2.防治方法

（1）农业防治。处理越冬寄主，压低虫源基数：在秋收后至翌年春季化蛹前（即在5月末前），对主要寄主的秸秆、根茬、穗轴、苞叶等采取烧、铡、沤、封等方法，最大程度地加以处理。对含虫量多的秸秆要力争在6月初烧完。对烧不完的秸秆、根茬等进行堆垛，用白僵菌封垛，越冬幼虫化蛹前，把剩余的秸秆垛按每立方米0.1千克白僵菌粉的比例，每立方米垛面喷一个点，喷到垛面飞出白烟（菌粉）即可。

（2）生物防治。利用赤眼蜂灭卵。释放时间：必须保证释放的赤眼蜂与害虫的卵相遇，在玉米螟产卵初盛期（6月末至8月初）放蜂为宜。释放量：每亩释放1.5万～2万头，分两次进行释放，第一次释放后隔5～7天放第二次。具体方法为：将放蜂卡插在谷子中上部叶片叶鞘上。

（3）药剂防治。在卵孵高峰期至低龄幼虫始盛期，每亩用20%氯虫苯甲酰胺悬浮剂（康宽）10毫升兑水30千克对茎叶均匀喷雾。

十一、黏虫

1.生活习性及发生危害

黏虫（图2-14）幼虫食叶，大发生时可将作物叶片全部食光。因其群聚性、迁飞性、杂食性、暴食性，成为全国性重要农业害虫。主要取食禾本科作物和杂草。大发生年份也能取食其他作物，但不能完成生活史。

成虫具远距离迁飞习性。成虫昼伏夜出，趋光性较弱。对糖、醋、酒混合液和杨树、柳树枝有强烈趋性。卵块多产在植株中、下部枯黄叶片的尖端、叶背或叶鞘内。初龄幼虫多潜伏在寄主的心叶、叶鞘、叶腋内，啃食叶肉形成透明条纹斑，有吐丝下垂习性。三龄后沿叶缘取食成缺刻，有假死性，多在夜间取食。

图2-14 黏虫
A.成虫 B.幼虫

2.防治方法

（1）农业防治。及时进行田间地头的除草工作，破坏黏虫的栖息环境，减少虫源。

（2）做好幼虫监测。黏虫幼虫危害具隐蔽性，及时进行田间幼虫调查、适期防治尤为重要。

（3）防治幼虫。用25%氰戊·辛硫磷乳油30毫升或4.5%高效氯氰菊酯乳油50毫升兑水30千克均匀喷雾。低龄幼虫可用灭幼脲1号、2号、3号500～1 000倍液喷雾。施药时间应在晴天上午9：00以前或在下午5：00以后。

图书在版编目（CIP）数据

甜菜、谷子优质高效栽培与病虫害绿色防控/李海峰，王振军主编．—北京：中国农业出版社，2020.12
（高素质农民培育系列读本）
ISBN 978-7-109-27263-7

Ⅰ.①甜…　Ⅱ.①李…②王…　Ⅲ.①甜菜-栽培技术②甜菜-病虫害防治③谷子-栽培技术④谷子-病虫害防治　Ⅳ.①S566.3②S435.663③S515④S435.15

中国版本图书馆CIP数据核字（2020）第166725号

中国农业出版社出版
地址：北京市朝阳区麦子店街18号楼
邮编：100125
责任编辑：国　圆　郭晨茜　文字编辑：宫晓晨
版式设计：杜　然　责任校对：吴丽婷
印刷：中农印务有限公司
版次：2020年12月第1版
印次：2020年12月北京第1次印刷
发行：新华书店北京发行所
开本：880mm×1230mm　1/32
印张：2.25
字数：80千字
定价：25.00元
